气象知识极简书　陈云峰　主编

暴雪

刘波　任珂　编著

气象出版社
China Meteorological Press

图书在版编目（CIP）数据

暴雪 / 刘波，任珂编著. -- 北京：气象出版社，2019.1
（气象知识极简书 / 陈云峰主编）
ISBN 978-7-5029-6217-3

Ⅰ.①暴… Ⅱ.①刘… ②任… Ⅲ.①雪暴–普及读物 Ⅳ.①P426.63-49

中国版本图书馆CIP数据核字（2018）第200126号

Baoxue

暴雪

出版发行：气象出版社	
地　　址：北京市海淀区中关村南大街46号	邮政编码：100081
电　　话：010-68407112（总编室）　010-68408042（发行部）	
网　　址：http://www.qxcbs.com	E - m a i l：qxcbs@cma.gov.cn
责任编辑：邵　华	终　　审：张　斌
责任校对：王丽梅	责任技编：赵相宁
封面设计：符　赋	审 图 号：GS（2018）6140号
印　　刷：北京地大彩印有限公司	
开　　本：710 mm×1000 mm　1/16	印　　张：2
字　　数：20千字	
版　　次：2019年1月第1版	印　　次：2019年1月第1次印刷
定　　价：10.00元	

本书如存在文字不清、漏印以及缺页、倒页、脱页等，请与本社发行部联系调换

《气象知识极简书》丛书编委会

主　　编：陈云峰

副主编：刘　波　　任　珂　　黄凯安

编　委：汪应琼　　王海波　　王晓凡

　　　　周　煜　　康雯瑛　　李　新

　　　　李　晨　　翟劲松　　李陶陶

　　　　陈　琳　　徐嫩羽　　王　省

　　　　李　平

美　编：李　晨　　李梁威　　翟劲松

　　　　杨佑保　　赵　果

前 言

　　变幻莫测的气象风云，每时每刻都影响着生活在地球上的生命，特别是很多常见的天气现象：高温热浪、暴雨（雪）、台风、寒潮、雷电、沙尘暴……它们的出现往往会给人类带来无穷的烦扰。在人类久远的历史长河中，它们是一股"神秘力量"，令古人见之生畏；而在科学如此发达的今天，虽然关于它们还有很多未知领域需要探究，但面对各类天气我们已经不再惧怕：它们的出现有迹可循，它们的类型有据可辨，它们并非一无是处，它们变得可以被防范、被利用。

　　《气象知识极简书》就是这样一套认识天气的入门级丛书，共8册。内容包括暴雨洪涝、台风、雷电、大风、沙尘暴、高温与干旱、暴雪、寒潮与霜冻共10种与我们生产、生活息息相关的天气类型。采取问答形式，设问有趣活泼，回答简短精干，配以生动的漫画解读读者感兴趣的基础性问题。针对每一种天气类型，不仅仅回答是什么、为什么、面对危险怎么办，还包括我们如何监测天气、如何利用天气等，在阐明气象知识的同时，尽量增加可读性、趣味性。

作为一套入门级气象科普丛书，它受众面较广，既适合作为中小学生的读物，也适合广大对气象科学抱有兴趣的成年读者。

以易懂的方式普及气象知识，以轻松的心态提升科学素养。开卷有益，气象万千！

编　者

目 录

前言

什么是雪? 1

雪是怎么形成的? 2

雪晶都是六角形吗? 4

怎样科学观测雪? 6

多大的雪才算是暴雪? 8

我国哪里雪最多? 10

南方的雪比北方重吗? 12

常见的雪灾有哪些类型? 14

达到什么标准会发布暴雪预警? 16

发生雪灾时怎样保护自己? 18

瑞雪兆丰年是怎么回事? 22

雪是怎么形成的？

小冰晶通过碰撞吸附不断"长大"！它们也可以钩连在一起形成组织很疏松的聚合物，也就是雪团（雪花）。

当小冰晶增大到能够克服空气的阻力和浮力时，就会降落到地面，这就是雪。

雪晶都是六角形吗？

大自然中几乎找不出两粒完全相同的雪晶，就像地球上找不出两个完全相同的人一样。

针状

六出宽枝状

三角冰晶状

空心棱柱状

六角板（片）状

双盘雪晶

雪晶的形状

单盘雪晶

这主要是因为雪晶在生长过程中，降雪云中的温度和湿度瞬息万变，只要其中的某一个条件发生变化，雪晶的形状就会有所不同，可不一定都是六角形的哦。

六角枝状

怎样科学观测雪?

12小时或24小时内

降雪量
　　是指气象观测人员用标准容器将 12 小时或 24 小时内采集到的雪化成水后,测量得到的数值,以毫米为单位。

雪压

单位面积的水平面上承受的积雪的质量，以千克/米^{2}为单位。

积雪深度

积雪表面到地面的垂直深度，以厘米为单位。

多大的雪才算是暴雪？

降雪等级	微量降雪（零星小雪）	小雪	中雪
12小时降水量（毫米）	<0.1	0.1～0.9	1.0～2.9
24小时降水量（毫米）	<0.1	0.1～2.4	2.5～4.9

暴雪

是指 24 小时降雪量（雪融化成水后在标准容器中）超过 10 毫米的降雪。

大雪	暴雪	大暴雪	特大暴雪
3.0～5.9	6.0～9.9	10.0～14.9	≥ 15.0
5.0～9.9	10.0～19.9	20.0～29.9	≥ 30.0

危险！

我国哪里雪最多?

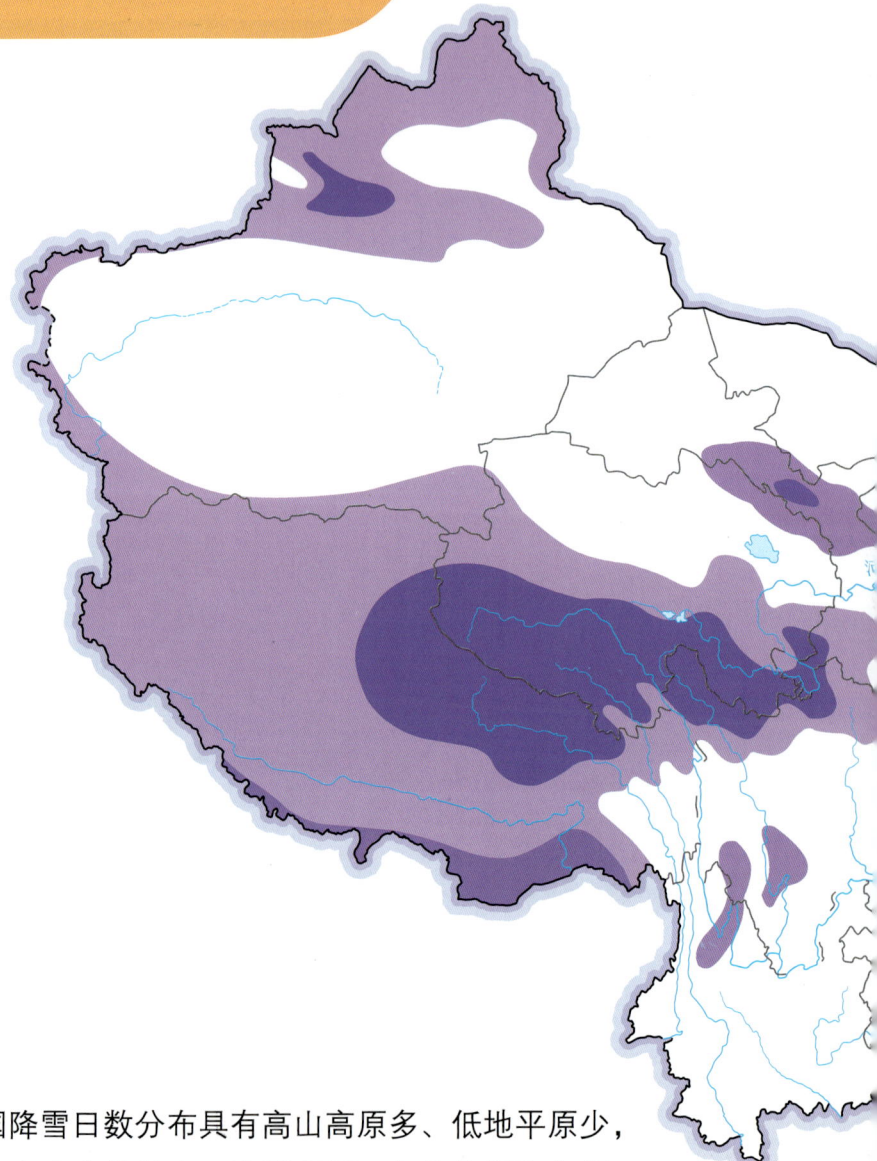

中国降雪日数分布具有高山高原多、低地平原少,北方多、南方少的特点。青藏高原、东北北部和东部、内蒙古东部、新疆北部山区为降雪多发区,年降雪日数 50~100 天,其中青藏高原中东部、内蒙古大兴安岭地区及新疆天山山区年降雪日数在 100 天以上。

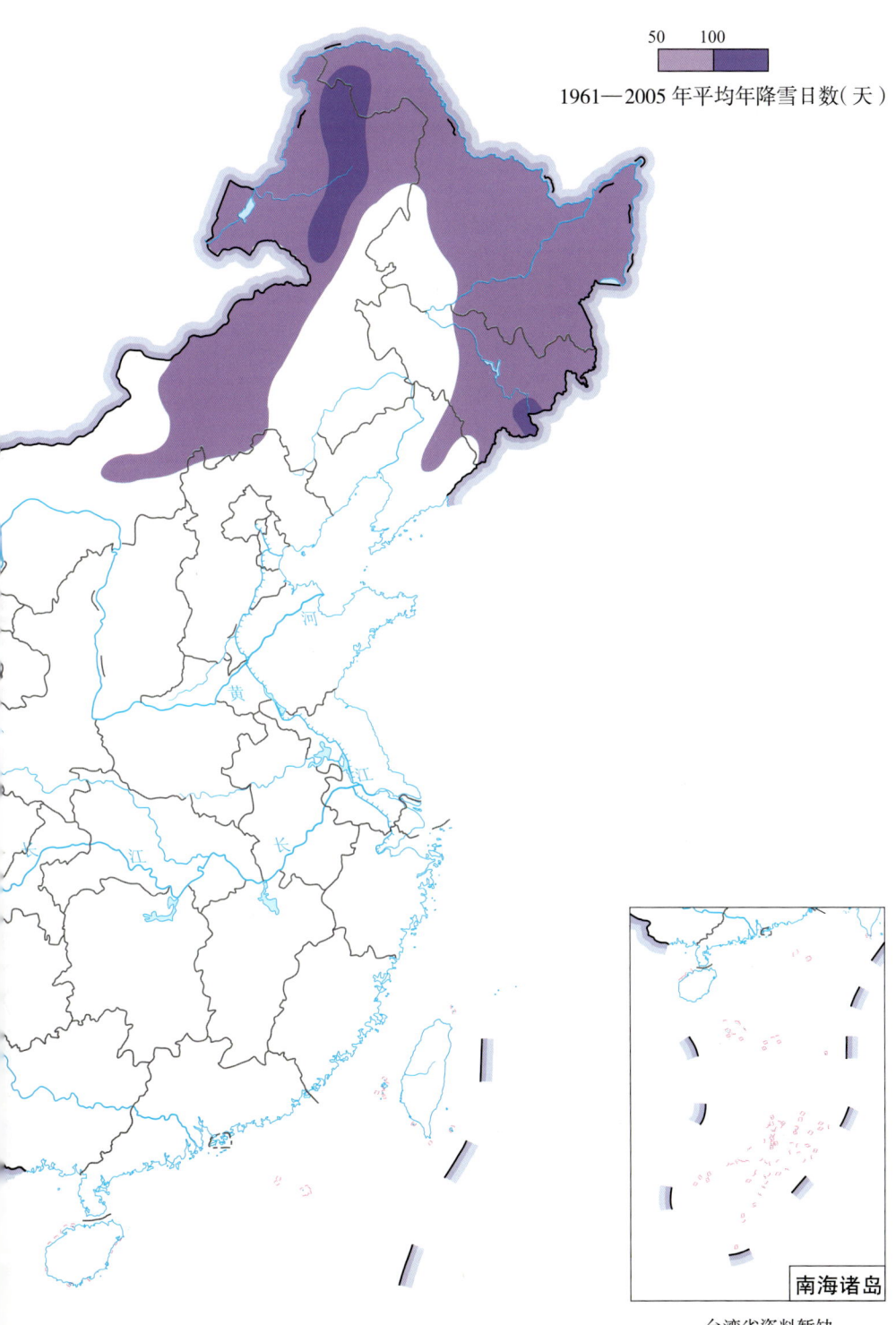

1961—2005年平均年降雪日数（天）

南海诸岛

台湾省资料暂缺

南方的雪比北方重吗?

积雪的重量除了与积雪深度有关外,还与雪的密度有关。一般来说,南方的雪相对含水量比较高,因而雪的密度也就大。

1平方米面积上8~10毫米的积雪重1千克。

同样厚度的雪，南方相对北方含水量比较高，因此比较重，对建筑物、植物等产生的影响也就更大一些，更易造成建筑物倒塌和树木折倒。

常见的雪灾有哪些类型？

积雪

是一种常见的雪灾。如果积雪过厚会把蔬菜大棚、房屋等建筑物压垮，农作物、树木，还有通信、输电线路等也会被压断；积雪还会掩埋道路，导致公路、铁路交通中断，人们出行会受到很大影响。在牧区，冬季草场积雪较厚时，牛、羊等家畜会因为吃不到食物而受冻挨饿或染病，甚至还会发生大量死亡的情况。

吹雪

是指大风挟带起分散的雪粒，在近地面疯狂地流动，俗称"白毛风"。吹雪有较大的危害性，它会造成很低的能见度，行人很有可能会因此迷失方向，也会导致交通中断，牧区草场被掩埋。遇到白毛风，畜群被吹散或死伤的可能性很大。

雪暴

又叫暴风雪，是指大量的雪被强风卷着狂乱飞舞，使水平能见度小于1千米的天气现象。因为风大雪急，所以无法判定当时是不是还在下雪，急骤的风雪使人睁不开眼睛，辨不清方向，严重时甚至能将大树拔起，将电线杆刮断，将人畜吹倒卷走。

雪崩

是指由于积雪的重力不平衡，引起大量雪体崩塌滑落的现象。雪崩速度极大时可达到97米/秒，比台风还快（一般台风底层中心附近最大平均风速32.7～41.4米/秒）。雪崩能摧毁大片森林，掩埋房舍、交通线路、通信设施和车辆，甚至能堵截河流，导致临时性的涨水。同时，它还会引发山体滑坡、山崩和泥石流等可怕的灾害。因此，雪崩被人们列为积雪山区的一种严重自然灾害。

达到什么标准会发布暴雪预警？

暴雪蓝色预警信号

12小时内降雪量将达4毫米以上，或者已达4毫米以上且降雪持续，可能对交通或者农牧业有影响。

暴雪黄色预警信号

12小时内降雪量将达6毫米以上，或者已达6毫米以上且降雪持续，可能对交通或者农牧业有影响。

暴雪橙色预警信号

　　6小时内降雪量将达10毫米以上，或者已达10毫米以上且降雪持续，可能或者已经对交通或者农牧业有较大影响。

暴雪红色预警信号

　　6小时内降雪量将达15毫米以上，或者已达15毫米以上且降雪持续，可能或者已经对交通或者农牧业有较大影响。

发生雪灾时怎样保护自己？

个人防雪灾措施

下雪天要及时关注雪情预报信息，如果要出行，要提前了解机场、高速公路、轮渡码头是否封闭的信息。

积雪过厚时应该避免驾车出行。

雪太厚了，不要出门！

风雪天气不要在不结实的建筑物、屋檐、广告牌和大树下行走。

配合环卫工作者做好清除积雪的工作。

城市防雪灾措施

1. 及时撒播路面融雪剂。
2. 高速公路和城市市区应及时清除路面积雪。
3. 交通部门根据风雪情况,必要时要关闭公路、铁路和航运交通。

牧区防雪灾措施

1. 建立草料库,备足草料。
2. 加强棚圈建设,雪前进行加固,雪后及时清除积雪。

农业防雪灾措施

1. 及早采取有效防冻措施,抵御低温对越冬作物的侵袭。
2. 加强对大棚蔬菜和在地蔬菜的管理,雪后及时清除大棚积雪。
3. 及时做好降湿排涝工作。

瑞雪兆丰年是怎么回事？

如果当年降雪太少或者降雪过大（即暴雪），就不能算瑞雪了。还有春天降雪也不能算瑞雪。

适当的降雪就像给大地铺上了厚厚的棉被，可以起到给土壤保温的作用。

雪是天然的蓄水保湿器，降雪可以减少春旱的发生。

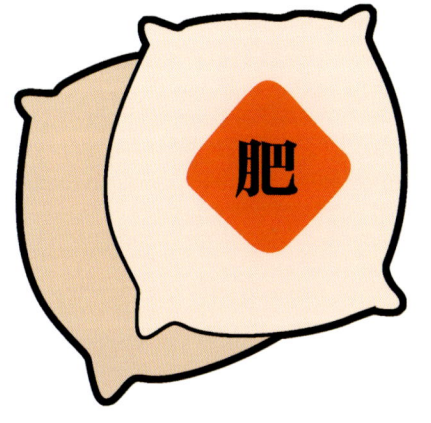

雪水中蕴含很多氮化物,是天然的肥料,可以为土壤添肥。

雪的融化需要从土壤里吸收很多热量,让此时的土壤变得非常寒冷,可以冻死害虫。

降雪过程中,雪花可以有效吸附空气中的颗粒物,起到净化空气的作用。